SOCIÉTÉ MÉDICALE DE CHAMBÉRY

DE LA MÉDICATION PAR LES FERRUGINEUX

ET PLUS PARTICULIÈREMENT PAR

L'EAU DE LA BAUCHE

Note lue dans la séance du 24 Mars 1865

PAR

LE Dr GUILLAND

Président de la Société Médicale de Chambéry ;
Vice-Président
de l'Académie impériale de Savoie et de l'Association Médicale du département ;
Membre correspondant
de la Société Médicale d'Emulation de Paris,
des Sociétés de médecine de Montpellier, Lyon, Grenoble, Neuchâtel et Lausanne ;

MÉDECIN CONSULTANT
AUX BAINS D'AIX EN SAVOIE

CHAMBÉRY

TYPOGRAPHIE A. POUCHET ET Cie, PLACE SAINT-LÉGER, 29

1865

DE LA MÉDICATION PAR LES FERRUGINEUX

ET PLUS PARTICULIÈREMENT PAR

L'EAU DE LA BAUCHE

Note lue dans la séance du 24 Mars 1865

PAR

LE Dr GUILLAND

Président de la Société Médicale de Chambéry ;
Vice-Président
de l'Académie impériale de Savoie et de l'Association Médicale du département ;
Membre correspondant
de la Société Médicale d'Émulation de Paris,
des Sociétés de médecine de Montpellier, Lyon, Grenoble, Neuchâtel et Lausanne ;

MÉDECIN CONSULTANT
AUX BAINS D'AIX EN SAVOIE

CHAMBÉRY
TYPOGRAPHIE A. POUCHET ET Cⁱᵉ, PLACE SAINT-LÉGER, 29

1865

MESSIEURS,

Il y a deux ans que votre Société, toujours pleine de sollicitude pour les questions propres à servir à la fois la science médicale et les intérêts de votre pays, accorda son patronage à une eau médicinale naturelle qui venait d'être découverte, et n'avait par conséquent pas pu figurer dans votre Collection des sources minérales de la Savoie, si remarquée à Paris à l'Exposition universelle de 1855 (1).

Vers la fin de l'hiver de 1862, M. le comte Crotti de Costigliole, ancien ministre plénipotentiaire de S. M. Charles-Albert, vous avait demandé de faire examiner une source ferrugineuse qu'il avait remarquée dans sa terre de La Bauche. Votre com-

(1) Collection des Eaux minérales de la Savoie, envoyée à l'Exposition universelle de Paris par la Société médicale de Chambéry ; rapport par C. Calloud, 1855. — V. aussi : *Annales de la Société d'hydrologie de Paris*, 1856.

mission, dont j'eus le plaisir de faire partie,
s'acquitta de son mandat le 29 avril, et M. Calloud
vous donnait, en son nom, dans votre séance du
1er mai, un rapport qui reçut votre entière approbation (1). Le 3 juillet suivant, M. Calloud vous
présentait une étude analytique complète dont
vous votiez avec empressement la publication (2).

L'approbation que vous aviez accordée au travail chimique de notre collègue a été, depuis,
hautement confirmée par les adhésions de la sec-
tion médicale du 30e Congrès scientifique de l'In-
stitut des provinces de France (3), de l'Académie
royale de médecine de Turin (4) et de l'Académie
de Médecine de Paris (5). Et l'on peut tenir désormais comme hors de discussion la valeur chimique
de la source de La Bauche, sa classification parmi
les eaux protoferrées, bicarbonatées et crénatées,
« les meilleures des ferrugineuses par leur disso-
« lution parfaite et leur digestibilité », son rang
parmi les plus minéralisées de sa classe, ses
bonnes conditions de conservation, de transport
et de fixité, puisque les plus grands écarts dans la

(1) *Eau de La Bauche :* Rapport de la Commission de la Société médicale de Chambéry (MM. Revel, Besson, Guilland,
Bebert, Saluces et C. Calloud), 1863.

(2) *Analyse de l'Eau de La Bauche,* publiée par décision de la
Société médicale de Chambéry, 1863.

(3) V. *Comptes rendus du Congrès,* p. 453.

(4) V. le rapport du professeur Abbene (18 mars 1864) au n° 9
du *Giornale della reale Accademia di medicina di Torino,* 1864.

(5) V. le rapport de M. Gobley, au compte rendu de la séance
du 16 août 1864.

proportion du protoxyde de fer ne sont pas, entre les sécheresses et la fonte des neiges, de plus d'un cinquième.

Mais vous le savez, Messieurs, l'analyse chimique ne crée encore qu'un préjugé pour ou contre l'utilité thérapeutique d'une source; elle appelle et attend le contrôle et la confirmation indispensables de l'analyse clinique, de l'expérience qui seule a qualité pour prononcer en dernier ressort. Cela était vrai avant les immenses progrès accomplis par cette science dès la fin du siècle dernier; cela est surtout vrai en face des médicaments naturels et demi-vivants, tels que celui qui nous occupe, dont l'analyse ajoute déjà les difficultés de la chimie organique à celles de la chimie inorganique. Et pas plus l'ingénieux Scoutetten avec l'électricité des eaux minérales remise par lui en évidence, que les chimistes avec leurs dosages si précis (1), n'ont expliqué le mode d'action des eaux de manière à rendre possible un *a priori* certain. Nous sommes et serons probablement toujours impuissants à affirmer d'avance la valeur relative d'une source, à lui assigner sur étiquette son rang d'efficacité. Ceux-là seulement méconnaissent ces vérités, qui, pour

(1) Soubeyran l'a dit avec trop de raison : « Les procédés à « l'aide desquels on a déterminé jusqu'ici la proportion du fer « dans les eaux minérales, ne méritent aucune confiance. » C'est ce qui a porté M. Calloud à rechercher des moyens nouveaux de dosage du fer par l'acide oxalique et par le nitrate d'argent. (V. pages 37 et 41 de son Analyse.)

ignorer les autres sciences, ne savent pas les vraies
limites de la leur, et, n'ayant jamais tourné le
feuillet du grand livre de la nature, se figurent
qu'il n'y a pas de verso à la page déchiffrée par eux.

Aussi, les efforts si méritants de M. Calloud n'ont-
ils eu d'autre but que d'appeler l'attention des
praticiens sur la source dont il avait prévu et deviné
l'avenir, et de nous mettre en demeure de l'expérimenter sur nos malades. Ces efforts ont eu le
succès qu'ils méritaient : voici deux ans que les
essais se poursuivent en Savoie, à Turin (1), à Lyon,
à Grenoble et ailleurs. Il est temps, ce me semble,
de constater une première fois devant vous, Messieurs, les parrains autorisés de la source de La
Bauche, les résultats obtenus jusqu'ici, de recueillir
les avis, afin de marcher d'un pas plus ferme dans
une voie au bout de laquelle est un soulagement
de plus pour l'humanité souffrante et une cause
influente de prospérité pour l'une de nos vallées.

Mon intention est donc de vous soumettre, non
pas beaucoup de faits, — j'ai peu d'estime pour la
méthode numérique, — mais quelques cas saillants
et choisis parmi les plus propres à nous fournir des
inductions nouvelles.

Je ferai appel indifféremment aux observations
qu'ont bien voulu me communiquer mes confrères,

(1) Les hôpitaux San Giovanni et San Luigi emploient journellement l'eau ferrugineuse de La Bauche depuis qu'elle y a été
expérimentée.

et à celles qui me sont propres; et l'un des motifs
de cette lecture est d'en provoquer d'autres de votre
part.

I

Chaque époque a eu sa médication en vogue et,
pour ainsi dire, son remède à elle. Tout agent
thérapeutique a eu son jour de triomphe, comme
toute méthode son heure de faveur. — Devons-nous
voir en ceci la seule versatilité humaine, l'amour
de la nouveauté, l'engouement de la foule, le talent
des novateurs? — Ces circonstances ont leur part
grande; mais elles ne sont pas tout. Il y a là-des-
sous une raison sérieuse, une loi que la philosophie
médicale n'a cessé de proclamer depuis Hippocrate
jusqu'à nous : la succession des *constitutions médi-
cales régnantes*. — A chaque trait, à chaque dynas-
tie, dirai-je, de l'histoire pathologique du genre
humain, a correspondu la mise en relief d'une
médication particulière. Aux constitutions médica-
les bilieuses, les orgies de la médecine évacuante;
— aux efflorescences du tempérament sanguin et
des maladies inflammatoires, les abus de la saignée,
de la diète et des sangsues; aux abaissements
généraux de la vitalité, à l'appauvrissement des
constitutions, la méthode reconstituante, l'hydro-

thérapie, la mer, le bifteek, le vin, le quina et le fer.

Sans doute les mêmes maladies, c'est-à-dire les mêmes formes morbides se retrouvent à toutes les époques; mais elles reconnaissent successivement pour base dominante des éléments divers. Ainsi l'évolution tuberculeuse a été due de préférence tantôt à l'inflammation, tantôt à l'anémie; il a fallu la traiter tantôt par le lait et la saignée, tantôt par le mouton et l'iodure de fer. — La fièvre typhoïde s'est montrée parfois saburrale et demandant les purgatifs, parfois adynamique et réclamant le vin et le quina, parfois nerveuse et ataxique et indiquant le musc et le camphre, parfois même inflammatoire et se laissant juguler par les saignées coup sur coup. — Ces nuances, il est vrai, coexistent et caractérisent dans un même temps les *individualités morbides;* mais elles étendent aussi leur teinte plus ou moins absorbante, plus ou moins exclusive sur l'ensemble des cas dans un moment donné, et produisent le cachet *épidémique.*

Le milieu du XIXᵉ siècle, Messieurs, dans la sphère du moins où nous pratiquons, a une caractéristique qui ne se peut méconnaître. Notre génération est fille de celle que Broussais a saignée à blanc; et 1850 répare par la viande grillée, par les toniques et par les excitants, les anémies et les scrofules que lui a légués 1825. Et puis notre éducation hâtive, cette culture en serre chaude légitimée par la difficulté des carrières, la fréquen-

tation croissante des capitales sous un mouvement
de centralisation que nous n'avons pas à juger ici
politiquement, mais qu'hygiéniquement nous pro-
clamons déplorable..., bien des causes propres à
notre époque, ou plus accentuées chez elle que
dans ses devancières, concourent à épuiser rapidement les forces vitales chez nos contemporains, et
en tarissent ou en corrompent la source avant
l'heure où ils devraient les transmettre encore
intactes à leurs descendants.

Aussi, quelle profusion de préparations à tendance
dynamique uniforme ! — Ce sont les amers : le
quina, l'écorce d'orange, le guaco, multipliant sous
tant de formes l'effet stimulant des vins de Madère,
de Malaga, de Bordeaux, de Palerme.... Ce sont les
alcooliques acceptés déjà par Trousseau dans les
péripneumonies étendues, préconisés en ce moment, en Angleterre surtout et à Dublin par Stokes,
jusque dans la cérébrite et la péricardite.... C'est
surtout le *fer*, que Boerhaave appelait divin et que
tous les auteurs proclament avec M. Grisolle le
premier des reconstituants après le régime ; le fer
dans toutes les combinaisons naturelles où la Providence l'a enveloppé, dans toutes celles où l'art a
pu l'introduire, depuis Spa, Forges, Amphion,
Orezza, jusqu'aux sources de nature différente, mais
jalouses de se parer des molécules ferrugineuses
accessoires qui se retrouvent dans la plupart des
eaux minérales (Kissingen, Vichy, Challes, Aix,
Brides, Salins) ; — depuis les combinaisons alimen-

taires (chocolats et biscuits ferrugineux) jusqu'aux innombrables préparations pharmaceutiques, à commencer par la Boule de Nancy pour ne finir.... nulle part.

On a combiné le fer à tous les acides possibles pour s'arrêter enfin au *lactique.* On l'a allié au mercure dans des *dragées hydrargiroferrées;* MM. Hannon et Pétrequin ont vulgarisé l'utile et eupeptique *manganate de fer.* Moitier l'associe au quina; Vezu, au cacao et à l'huile de morue (1); un autre a proposé le *copahivate de fer.* Dupasquier (de Lyon) l'a uni à l'iode, et, sous cette dernière forme si admirablement adaptée à notre tempérament morbide actuel, l'*iodure de fer* a encore son journal spécial.... — Que de noms se sont illustrés à mieux déterminer les indications des ferrugineux, ou à varier leurs préparations! Virchow et Bennet ont décrit la leucocythémie ou leucémie; Andral et Gavarret ont démontré que la *couenne* augmentait dans l'anémie, rectifiant ainsi la valeur exagérée attribuée par quelques italiens à la fameuse *couenne phlogistique.* Vous savez les travaux de Marschall-Hall, d'Hallé, de Cornegliani, de MM. Beau, Piorry, Trousseau, et ceux de Pravaz du Pont-de-Beauvoisin et de Pétrequin. Citerai-je encore MM. Belouino et Bader, Blaud, Gillet, Blancard, Gélis et

(1) Si l'on, s'en rapporte au travail présenté par M. Rabourdin à la Société de Pharmacie de Paris (1864), l'huile de proto-iodure de fer ne contiendrait pas trace de ce métal.

Conté, Laroze, Lefort (1), Quevenne, Vallet, Robi-
quet, etc.? Et pouvons-nous omettre notre labo-
rieux collègue, M. Calloud, dont les pilules au
proto-iodure de fer ont été placées au premier rang
par MM. Soubeyran et Bouchardat?

Entre tant de préparations, chacune à son tour
devait rencontrer des indications spéciales qui lui
concilieraient une préférence relative. Toutefois,
deux considérations dominaient leur étude com-
parative : l'une la supériorité incontestable des
sels solubles ; l'autre la difficulté d'assimilation de
quelques-uns d'entre eux, ou leur saveur atramentaire trop prononcée. D'après ces principes, le docteur Herpin (de Metz) a pu écrire que : « Parmi les
nombreuses préparations du fer, il n'y en a point
qui présente ce médicament sous une forme qui
en rende l'absorption plus facile, plus certaine et
plus efficace, que les eaux minérales ferrugineuses. »

Toujours en effet on a reconnu dans les compo-
sitions du chimiste divin les meilleures conditions
d'assimilation ; et l'on a dû, avec Patissier et Ste-
Marie, attribuer à la combinaison supérieure, à la
polypharmacie inimitable, à la dissolution extrême
de leurs éléments, des effets qui se montraient
sans proportion avec la quantité réelle des sub-

(1) M. Lefort n'admet comme ne donnant lieu à aucune réaction chimique apparente, parmi les sirops de quina ferrugineux, que celui préparé au vin de Malaga avec le pyro-phos-
phate citro-ammoniacal. (Société de Pharmacie de Paris, 1864.)

stances actives. — C'est bien ici le cas de rappeler cette vérité, exagérée par quelques-uns, mais de plus en plus sentie par tous, que l'estomac a des réactions d'une subtilité inconnue à nos laboratoires; que l'état de dissolution extrême des substances est la condition majeure de leur assimilabilité; que les remèdes agissent souvent à de très faibles doses; que la vie fait parfois sortir la guérison comme l'infection, de quantités infiniment petites; que ce n'est pas la dose avalée, mais la dose absorbée qui agit, et que celle-ci presque toujours est une infime portion de celle-là; qu'en définitive ces tours de force thérapeutique de doses héroïques, dont quelques praticiens se targuent si naïvement, ont leur aboutissant à l'urinoir du malade... (1)

En ce qui a trait aux sources ferrugineuses, on reconnaît la grande digestibilité de celles qui sont bicarbonatées. En admettant avec certains auteurs que tout sel de fer doit, pour être digéré, passer à l'état de lactate, on est disposé à reconnaître que cette transformation est plus facile dans les eaux minérales de cette classe; mais on leur reproche d'être très altérables, de ne pas contenir assez de

(1) La limite de l'assimilation du fer dans les 24 heures paraît ne pas dépasser 40 à 50 centigrammes. Quant à son élimination, elle se ferait surtout par la bile dans les sécrétions alvines, par la production des poils et de certains acnés dans le tissu cutané, et un peu aussi, mais moins sensiblement, par les urines. (Pétrequin, *Traité des Eaux minérales*, p. 537.)

fer, d'exiger ainsi un traitement très long, ou des
ingurgitations quotidiennes d'un volume découra-
geant...

Toutes réserves faites sur la valeur hypothétique
de quelques-unes de ces données, reconnaissons
ensemble que l'eau de La Bauche répond heureusement aux deux grandes objections formulées précédemment, puisqu'elle est, de toutes celles de sa
classe, la plus minéralisée (1) et paraît être la moins

(1) Il n'y a pas ici de comparaison à établir avec les *ferru-*
gineuses sulfatées ou *vitriolées*; celles-ci atteignent une minéralisation bien plus forte (Passy, 0,412; Sandrocks, 4,732; Vicaris
Bridge, 38,735!...) Mais elles sont peu tolérées ou même into-
lérables à cause de leur astringence exagérée sur la bouche,
l'estomac et les intestins, provoquant le dégoût, les crampes,
et la constipation. A 0,09 et même à 0,06, Pyrmont et Spa sont
déjà trop fortes d'après MM. Pétrequin et Socquet *(Traité des*
Eaux minérales, p. 489), à cause des sulfates qui entrent dans
leur composition.
Les huit principales sources ferrugineuses de Savoie appar-
tiennent presque toutes à la classe préférée des *bi-carbonatées.*
Elles ne représentent qu'un dixième environ de la minéralisation
ferrugineuse de La Bauche. *Grésy-sur-Aix* a donné à M. Pi-
chon 31 milligrammes en bicarbonate et crénate de fer; *Saint-*
Simon, près Aix, environ 14; *La Boisse,* 18; *Amphion,* 15;
Bois-Plan, 70; tandis que La Bauche accuse 170. Quant aux
sources des autres pays, voici les plus hauts dosages en
protoxyde de fer, d'après les analyses adoptées par M. Herpin
(de Metz) : Harrowgate, 59 milligrammes; Spa, 60; Bussang,
95; Pyrmont, 96; Forges, 98. La Bauche contient 89 en protoxyde; mais il faut noter que *seule elle réalise toute la somme indi-*
quée en bicarbonate et crénate, tandis que dans toutes les autres
l'*acide sulfurique* contribue à saturer la base ferrugineuse. Ainsi
La Bauche contient 14 centigrammes de bicarbonate et 3 de
crénate de fer, ensemble 17, pendant que « les sources de
« *Pyrmont* et de *Spa,* qui sont au premier rang, contiennent à
« peine 6 à 7 centigrammes de carbonate de fer par kilogram-
« me d'eau; celles de *Forges* et de *Bussang,* 9 centigrammes

altérable (1). J'ai pu constater moi-même et à plusieurs reprises la minéralisation intacte, la saveur
franche, la limpidité irréprochable de bouteilles
conservées dans ma cave d'un été à l'autre. Et
lorsque j'ai remarqué des exceptions, j'ai pu les
rattacher à l'omission rare des soins nécessaires
pour le puisage ou l'introduction du liége, selon le
procédé de l'ingénieur Gauthier, qui garantit l'em-
plissage hermétique en déplaçant le volume d'eau
représenté par celui du bouchon. — J'ai vu aussi
des bouteilles troublées reprendre après quelques
semaines leur transparence, sans qu'aucun dépôt
s'y fût formé, sans par conséquent pouvoir attribuer
ce phénomène à la précipitation de principes dé-
sagrégés de leurs combinaisons solubles, et sus-
pendus temporairement dans le liquide durant son
agitation (2). L'explication proposée par M. Calloud

« avec le crénate de fer. » (Herpin, op. cit., p. 273.) — *Orezza*
serait, après La Bauche, la plus riche en carbonate de fer,
puisque M. Poggiale y en a trouvé 12 centigrammes. — Quant
à *Etuz* (Haute-Saône), M. Bouis y en a signalé 13 centigrammes
donnant 0,06 de protoxyde.

Voir les tableaux analytiques de l'*Eau de La Bauche* à la fin
de ce Mémoire.

(1) Schwalbach, l'une des plus minéralisées et la plus trans-
portable parmi les ferrugineuses bicarbonatées, a pourtant
contre elle la présence de quelques sulfates (0,026). — « Spa,
« Pyrmont et Bussang perdent promptement leur excès de gaz
« acide carbonique; le fer se précipite, et alors il n'est plus
« absorbé. » (Herpin, op. cit., p. 333. — Voir aussi Pétrequin,
op. cit., p. 492 et 499.)

(2) L'eau martiale de *Futency*, près Albens (Haute-Savoie), a
présenté ce même phénomène à l'observation de M. J. Bonjean,
le chimiste auquel notre pays et l'hydrologie doivent les analyses d'Aix, de Challes et de Marlioz.

(p. 21 et 49 de son Analyse et 4 du Rapport) se base sur la présence d'un *hyposulfite alcalin* propre à ramener les persels à l'état de protosels. M. Calloud n'a pu l'isoler, bien qu'il l'ait constaté ; mais j'ai apprécié itérativement, près du griffon d'émergence, ainsi que mes collègues de la Commission, l'odeur sulfhydrique dégagée de l'eau de La Bauche par son agitation au moment du puisement. C'est là une preuve de plus de la puissance d'analyse de nos sens en certaines circonstances où les réactifs restent insuffisants : l'analyse spectrale avec sa prodigieuse subtilité confirmerait sans nul doute celle de l'odorat.

Avant d'en finir avec cet ordre de considérations, nous devons insister avec notre confrère, le Dr Martin (du Pont-de-Beauvoisin), sur la notable digestibilité de la nouvelle source. « Tandis que les préparations officinales ne sont pas toujours tolérées par l'estomac des malades, l'eau de La Bauche, par un privilége particulier, est toujours digérée facilement, même à fortes doses. On peut en boire *ad libitum* : elle ne relâche, ni ne constipe ; et cependant elle contient assez de fer pour remplacer efficacement les pilules de Vallet et de Blaud, les dragées de Gilles, etc. » — Chez quelques personnes il nous a semblé utile de couper La Bauche avec une eau gazeuse (Seltz ou mieux St-Galmier) : nous obtenons ainsi les avantages spéciaux d'Orezza, ou bien nous facilitons la conservation d'une bouteille entamée. On peut aussi diviser la bouteille en petits flacons d'un verre, et de cette façon l'eau est conservée, pour l'usage, dans toute son intégrité, à l'abri de l'air. — Le plus souvent, elle a été bue seule, aux repas ou dans leurs intervalles, avec ou sans vin, et n'a produit ni dégoût, ni chaleur fatigante, ni crampe, ni constipation.

L'analyse avait pressenti et expliqué ces précieuses qualités d'après l'*alcalinité* notable de la source, assez forte pour désaciduler le vin. Elle avait constaté la simplicité de sa minéralisation due pour les quatre cinquièmes à des *bicarbonates* ferreux, calcique et magnésien, sa *légèreté spécifique,* sa *température constante* à 12° centigrades, la proportion sensible de ses sels *ammoniacaux,* si propres à faciliter la digestion. L'absence totale de *gypse* dans le sol, constatée géologiquement par M. l'abbé Vallet, professeur de physique, avait déjà fait présumer qu'elle ne contenait *aucun sulfate.* Enfin sa proportion de bases ferreuses (0,089 en protoxyde), en harmonie avec les bornes de l'assimilation du fer au sein de nos organes, est aussi forte que possible sans cesser d'être compatible avec les prérogatives de sa classe : saveur agréable, parfaite digestibilité. L'absence presque complète de saveur atramentaire dans l'eau de la Bauche, malgré sa forte proportion en protoxyde de fer, peut s'expliquer aussi par la présence d'une notable quantité de glairine qui enveloppe pour ainsi dire le fer et adoucit son impression sur l'organe du goût.

II

Nous aborderons maintenant les observations cliniques; et, glissant sur les faits nombreux d'amélioration et de guérison des formes plus ordinaires de l'anémie, nous insisterons sur quelques états morbides dont la cause est parfois méconnue.

1° MALADIES CUTANÉES. — Certaines sources ferrugineuses empruntent des propriétés anti-herpétiques à la présence du soufre dans leur composition: ce sont les eaux *ferrugineuses hydrosulfatées* (1), et ce n'est pas de ce mode d'action que j'entends parler ici. — Je n'ai pas non plus en vue les eaux ferrées *arsénicales* (2). — Je fais même abstraction de certaine action élective du fer sur la peau, manifestée par l'apparition d'acnés spéciaux durant la médication, et par la grande proportion de ce métal que retiennent les poils et les cheveux (3) Mais je m'attache à un fait clinique plus habituel, aux éruptions produites ou entretenues (ce dernier

(1) Herpin, op. cit., p. 292.
(2) Ca.... p. 20 du Rapport pour l'Exposition universelle de 1855.
(3) Pétrequin

cas est le plus fréquent) par un état d'anémie et d'atonie des divers tissus, y compris la peau. Ce sont les nombreuses guérisons de cette espèce, qui portaient en 1778 le docteur Fleury à placer les maladies de la peau en première ligne parmi les affections qui indiquaient l'eau ferrugineuse de la Boisse.

Nous voyons souvent arriver à Aix des eczémas, des ecthymas, des psoriasis, des impétigos, que leurs malheureux propriétaires promènent inutilement dans les thermes *spéciaux,* d'Uriage à Loëche, de Baréges à Schinznach. — Les eaux salines amoindrissent ordinairement la manifestation extérieure du principe psorique ; mais souvent il n'y a là qu'une pure dérivation sur d'autres appareils, dont les effets ne survivront pas à l'augmentation hydrominérale des selles ou des urines. — Les eaux sulfureuses, en détachant les croûtes, en assouplissant le derme, en ouvrant les pores, en régularisant les fonctions de la peau, donnent ordinairement aussi quelques espérances; mais l'avenir, hélas ! les démentira souvent. Parfois même une exaspération positive se manifeste sous l'influence des sulfureux : « Tant mieux », disons-nous, espérant que cet avivement de la diathèse (1), en étalant à la surface le principe morbide, est de bon augure pour sa guérison ou pour sa prochaine transformation. « Tant mieux », répètent

(1) Baumès.

nos malades en partant...—Mais, vain espoir! Après ces péripéties renouvelées plus d'une fois, le soufre est obligé de se reconnaître vaincu. Alors demandons au fer ce que son puissant rival n'a pu donner. Car il est fort à présumer qu'il s'agit d'un appauvrissement du sang; peut-être celui-ci n'a-t-il pas été la cause initiale; mais, sous l'influence de l'insomnie prurigineuse, de la préoccupation morale si vive chez ces malades, et de la vie sédentaire à laquelle ils sont — les femmes surtout — si enclins à se condamner, l'anémie est survenue. Après avoir été l'effet, elle n'a pas tardé à devenir la cause de la persistance du mal et de l'inutilité du traitement *altérant*. — Qu'à cette médication spécifique ou substitutive, on fasse succéder la *reconstitutive*, et bientôt le soulagement, plus tard la guérison viendront justifier ce changement de méthode.

De tels faits ne sont pas rares : ils apparaissent fréquemment dans nos journaux ; mais leur synthèse n'a peut-être pas encore été suffisamment signifiée aux praticiens, et nous assistons aux premiers efforts bien définis pour généraliser leurs conséquences, et rattacher ces observations à des faits initiaux qui leur servent de cause.

Pour ne pas chercher plus loin et pour mentionner l'un de ceux qui ont le plus avancé cette question, le dernier numéro du *Journal de Médecine et de Chirurgie pratiques* (février 1865, art. 6819) nous apporte un exemple de plus « de l'influence des « perturbations morales sur la production et la

« durée des maladies de la peau », l'*apepsie*, résultat de ces troubles moraux, amenant à sa suite le défaut de nutrition et l'*anémie*, qui entretiennent les éruptions. — L'éminent clinicien auquel le journal cité emprunte ce fait intéressant, M. Beau, après avoir assis son diagnostic étiologique sur les commémoratifs et sur un minutieux examen, reconnut que la première indication était de *réveiller l'appétit*. Il l'obtint par le *bain de valériane*, moyen que sa double influence « sur les phéno- « mènes nerveux et sur les fonctions de l'estomac » indiquait spécialement. Or, ce que la valériane a fait ici, le fer, en cas d'insuffisance, ou dans d'autres circonstances analogues, peut être appelé à le faire.

Répétons-le donc avec le judicieux rédacteur de cette communication, le Dᵣ Just-Lucas Championnière : « Tous les dermatologistes admettent parmi les causes occasionnelles des affections diathésiques de la peau, les émotions morales vives, les chagrins profonds; mais ils ne disent pas *comment agissent* ces émotions, ces chagrins : ils oublient de signaler le rapport qui existe entre la perturbation de l'esprit et les *fonctions de l'estomac*, entre ces fonctions et la *dépression générale des forces, cette grande porte par laquelle entrent toutes les maladies qui assiégent l'organisme....* »

Je ne résiste pas à la tentation de signaler encore ici, avant d'en finir avec les éruptions par atonie et par anémie, celles dues à la paralysie des nerfs vasculaires sur tel ou tel point de la surface cutanée, *éruptions réflexes* de MM. Jules, J. Rouget, Caussade, *éruptions par névrose vaso-motrice directe* du Dr Gignoux. La lecture d'une remarquable communication de ce dernier praticien au Congrès médical de Lyon (1) me suggérait l'autre jour cette analogie entre les diverses éruptions qui ressortissent des toniques (électricité, amers, ferrugineux, etc.) et certaines névralgies et paralysies cutanées alternantes.

Le cas le plus frappant qui m'ait été signalé à l'appui de l'efficacité de l'eau de la Bauche en pareilles circonstances, est celui d'une jeune enfant de trois ans, Mlle de T..., lymphatique et faible. Sa tête et son visage étaient envahis dès plus de deux années par une *croûte laiteuse*. La médication *dépurative* avait été employée avec persévérance. L'eau de Challes, « ce géant des sources sulfureuses », avait particulièrement été administrée de la façon la plus soutenue ; et l'éruption se maintenait sans amendement, s'exaspérait même par l'eau sulfureuse, compromettant le sommeil et l'appétit de l'enfant, et amenant l'épuisement graduel de ses forces. — L'eau de La Bauche fut essayée, et l'éruption s'amoindrit rapidement à mesure que la reconstitution s'opérait par le retour de l'appétit et une assimilation plus active. Il y a trois mois que ces bons résultats ne se sont point démentis.

(1) *Journal de Médecine de Lyon*, 1865, p. 10.

2° MALADIES MENTALES. — *L'eau de Challes donne de l'esprit*..... a dit un jour un de nos collègues qui n'avait pas besoin de ce remède. — Sous cette boutade il s'agissait, je crois, de leur efficacité si remarquable contre le goitre.

Quant à l'eau de La Bauche, son action dans les maladies mentales est assez semblable à celle qu'elle démontre dans les autres cas où des affections morales ont troublé, comme nous le disions tout à l'heure, la régularité de la nutrition. — Son usage a été largement essayé à l'hospice des aliénés de St-Jean-de-Dieu et dans la Maison particulière de santé de M. le Dr Carrier, à Lyon. Cet estimable praticien a bien voulu m'entretenir des observations qu'il avait faites dans ces deux établissements.

Bien que la chlorose ne soit pas particulière au sexe féminin, les fonctions propres à la femme, ses hémorrhagies périodiques, la grossesse et l'allaitement, enfin la réaction de l'utérus sur toute son économie, rendent plus fréquent chez elle l'appauvrissement du sang, et avec lui toutes les maladies qui en dérivent. Le Dr Carrier trouve donc dans sa Maison consacrée aux *femmes aliénées* l'occasion d'essais nombreux de l'action comparée du médicament qui nous occupe. Un cas de manie religieuse avec hallucinations, chez une jeune femme du monde, a présenté une amélioration immédiate par l'usage de l'eau de La Bauche ; et cette amélioration, qui date de mai 1864, ne s'est point démentie dès lors.

Voici d'ailleurs ce que voulait bien m'écrire notre honoré confrère le 28 février 1865. Je tiens à mettre sous vos yeux ses propres expressions, moins pour ce qu'il affirme que pour les restrictions qu'il formule, et qui témoignent de la réserve prudente apportée par ce médecin dans ses appréciations : « Je n'ai pas encore eu le temps d'expérimenter l'eau de La Bauche assez pour pouvoir en déduire des corollaires assurés sur son action thérapeutique. Néanmoins je me crois autorisé à dire que, par son emploi dans des cas de troubles intellectuels coïncidant avec une atonie cérébrale, j'ai constaté plusieurs améliorations notables et une guérison. »

De son côté, le docteur Fusier, le modeste et savant directeur de l'asile de Bassens, veut bien m'exprimer son opinion dans les termes suivants :

« Dans un de mes comptes rendus médicaux, j'ai professé que l'aliénation mentale est très souvent une affection adynamique, et que dans ces cas, les toniques et les martiaux étaient spécialement indiqués. Avec les aliénés, le médecin est, comme avec les enfants indociles, très-souvent forcé d'administrer non pas le remède qu'il veut, mais celui qu'il peut faire prendre. Or, tout ce qui n'a pas l'habillement et les *manières* pharmaceutiques est plus facilement admis. — Je crois donc que l'eau de La Bauche, à raison de sa richesse et de la facilité de son administration, est appelée à rendre

de grands services à la thérapeutique de l'aliénation
mentale, surtout chez les femmes.....» (1)

3° Vertige anémique. — Vous savez, Messieurs,
combien souvent cette espèce de vertige est méconnue : l'injection des capillaires de la face en
impose parfois pour une pléthore et laisse croire à
de la congestion cérébrale. Alors les palpitations
que l'on observe sont expliquées par la pléthore
vasale, par la difficulté consécutive de l'innervation.
Les désordres du côté de la menstruation viennent
entretenir l'erreur soit parce que la maladie coïn-
cide avec la ménopause, soit parce qu'elle s'accom-
pagne de règles plus fréquentes et plus copieuses
dues au contraire à la fluidité exagérée du sang.

Mme C... offrait dès longtemps des palpitations
fort importunes, de la dyspepsie et une paleur caractéristique. Elle avait, à diverses époques, employé les ferrugineux sans succès, lorsqu'à ces
symptômes se joignirent des vertiges. Ceux-ci
devinrent bientôt inquiétants par leur fréquence et
par leur intensité. Leur apparition et surtout l'in-
succès des ferrugineux employés semblèrent écarter
le diagnostic d'anémie. On supposa une affection
du cœur; et croyant pouvoir subordonner les troubles cérébraux à ceux de la circulation, on essaya
de combattre ceux-ci par la digitale. Mais ce fut

(1) V. Duckworth Williams : *De l'aménorrhée comme cause
de folie*, dans le *Journal of mental science*, 1865.

inutile : les palpitations et les vertiges continuè-
rent; ils parurent même augmenter..... Ramené
ainsi aux ferrugineux, le médecin essaya la nouvelle
source.

Contrairement aux préparations prises antérieu-
rement, l'eau de La Bauche fut parfaitement digérée ; et la malade n'en avait pas pris durant plus
de quinze jours, à la modique dose de 500 grammes
par 24 heures (1), que l'amendement était positif.
Il se soutient en ce moment, et l'on continue de
boire l'eau ferrugineuse.

Nous avons obtenu le soulagement immédiat
(par trois bouteilles seulement) d'une *céphalée
anémique périodique* chez une jeune Anglaise, dont
la belle et florissante apparence semblait au premier
abord écarter une telle indication.

Nous nous souviendrons de ces faits : nous ne
craindrons pas d'essayer l'eau de La Bauche lors
même que d'autres ferrugineux auront été inutiles
ou mal tolérés. Nous la prescrirons dans les vertiges lorsqu'ils seront provoqués surtout par le passage de la position horizontale à la verticale, lorsque en un mot leur nature anémique ressortira de
l'examen attentif des précédents, et des moyens
d'investigation mis à notre service par l'art mo-
derne.

(1) Dans une vingtaine de cas heureux, notre honoré collègue,
le docteur Michaud, n'a pas dépassé cette dose journalière, et
croit devoir s'en féliciter.

4° AFFECTIONS INTERMITTENTES. — Vous savez qu'il y a une *chlorose paludéenne,* et que le fer en a souvent seul raison. J'ai cité tout à l'heure, à propos de fausses congestions, un mal de tête périodique ; mais je désire insister sur ce genre d'affections, qui, elles aussi, sont si souvent sous la dépendance de l'anémie.

Dans cet ordre de faits, je n'ai pour le moment à noter ici qu'un seul cas ; mais il m'a paru remarquable en ce que la périodicité était à long terme (hebdomadaire), datait de six mois, et que l'anémie semblait formellement écartée par la haute coloration et l'embonpoint de la malade , ainsi que par l'imminence de la ménopause. — De telles circonstances tendaient à faire attribuer à la pléthore les bourdonnements, les palpitations, la céphalée, les vertiges et les autres symptômes dont l'apparition ou l'exacerbation signalaient le retour de l'accès. — Mais la malade avait eu une croissance précoce et brusque au milieu de causes affaiblissantes diverses : abstinence, jeûnes, fièvres paludéennes, etc...; mais plus tard, durant trois grossesses toutes suivies de l'allaitement, elle avait été éprouvée par des vomissements et une dyspepsie obstinée...; mais le début du mal avait coïncidé avec le rapprochement des époques, qui avaient paru trois fois dans le même mois ; enfin les échéances hebdomadaires des accès concordaient avec l'abstinence périodique du vendredi. — Le quina, sous diverses formes, avait été vainement employé ; successivement l'acide arsé-

nieux avait été administré quarante jours sans
succès. Alors on essaya l'eau de La Bauche . les
premières doses produisirent une sorte d'ivresse
ou d'assoupissement qui fit un instant hésiter à
continuer. L'accès suivant fut moins intense, mais
plus prolongé, comme s'il eût gagné en surface
ce qu'il perdait en profondeur. Puis les accès se
sont sensiblement atténués et éloignés durant cinq
semaines, et nous sommes en droit d'espérer la confirmation de cette intéressante convalescence.

5° Affections rhumatismales. — « Que l'on re-
monte à la source,.... que l'on étudie attentive-
ment..... les circonstances dans lesquelles se sont
produites les affections les plus diverses,.... et l'on
se convaincra que les maladies, *même inflammatoires,* telles que la pneumonie, la pleurésie, le
rhumatisme articulaire, ne sont pas, selon le préjugé qui règne à cet égard, le produit d'une exu-
bérance de santé, mais qu'elles n'éclatent au
contraire qu'à la suite d'un affaiblissement quelconque de l'organisme. »

Empruntées au docteur J.-L. Championnière (1),
ces paroles nous donnent la clef de cette assertion
paradoxale d'une partie de l'école italienne, clas-
sant avec Giacomini le fer parmi les *contro-stimu-
lants.* Elles nous sembleront au reste de plus en plus
l'expression de la vérité, si nous les rapprochons

_____

(1) *Journal de Médecine et de Chirurgie pratiques,* février 1865.

de bien des faits de rhumatismes qu'il nous a été donné d'observer à Aix, et plus particulièrement de certains gonflements articulaires, de certaines dyspepsies qui se développent parfois sous cette diathèse.

Est-ce à dire toutefois que « tout malade au « quarantième jour d'un rhumatisme articulaire est « anémique, » ainsi que l'affirme le docteur Vidal, page 5 de son intéressante *Suite d'études sur les Eaux d'Aix ?* — Nous ne le croyons pas; et les formules aussi absolues nous inspirent une hésitation instinctive. Des règles si mathématiques, sans danger lorsqu'elles sont appliquées avec le tact médical qui distingue notre honoré confrère, ne sauraient être proposées sans plus de réserves à l'acceptation des praticiens.

Au reste, l'auteur a lui-même pris soin de placer, quelques lignes plus bas, un correctif salutaire à sa thèse, lorsqu'il donne (page 20) pour un des caractères diagnostiques de la dyspepsie rhumatismale l'*intolérance des ferrugineux.* — Certes, s'il est une forme du rhumatisme plus spécialement liée à l'anémie et relevant ainsi plus directement des hémoplastiques, c'est bien la dyspepsie « dont la conséquence rapide, « au dire du docteur Vidal, conséquent avec ses prémisses, « est l'insuffisance de la nutrition. » Et nous n'en pouvons surtout douter dans les cas indiqués par notre confrère, où cette dyspepsie s'accompagnait « de battements de cœur, « de souffle dans les carotides, de vertiges, d'étourdissements..... » (P. 19.)

Reconnaissons donc dans les formules si précises un artifice oratoire destiné à satisfaire le besoin d'affirmation qui dévore les malades, et propre à entraîner l'adhésion du public intéressé; modifiant leur sens apparent par une interprétation plus réservée, applaudissons-nous de nous trouver d'accord avec notre confrère sur la fréquente coïncidence de l'anémie et du rhumatisme.

Quant à la *dyspepsie thermale*, qui s'observe souvent à Aix durant les grandes chaleurs, surtout si le baigneur, négligeant ou dépassant les prescriptions du médecin, a recherché les sudations trop abondantes justement blâmées en pareil cas par le docteur Vidal (p. 21), nous employons souvent l'eau de La Bauche ou l'eau de St-Galmier, unies ou séparées; et chacune, dans les circonstances particulières qui font préférer l'une ou l'autre, nous donne les meilleurs résultats, et vient à propos rassurer le malade déconcerté par cette aggravation momentanée de ses malaises.

6° Lors enfin que la DYSPEPSIE est NERVEUSE, avec atonie, l'inutilité, la nocuité même des vomitifs est incontestée (Dr Bader), et l'utilité des ferrugineux ne l'est pas moins. Mais il faut qu'ils soient tolérés: or, tous les praticiens savent quels obstacles rencontrent alors les préparations les plus réputées. Et c'est en pareille occurrence que les eaux martiales naturelles déploient toute leur supériorité, surtout lorsqu'elles réunissent, comme La Bauche, les avantages des sources alcalines et ammoniacales.

En voici deux observations frappantes : je les emprunte au docteur Cottarel :

« Vers la fin de janvier, je fus appelé près de Mme D..., dont l'aspect me frappa par son teint cachectique et sa maigreur. Agée de 20 ans, d'une bonne constitution, cette jeune femme avait joui d'une bonne santé jusqu'à une première couche survenue au commencement de décembre dans les plus fàcheuses conditions morales. Cette couche faite à Lyon fut suivie de fièvre intermittente d'abord, puis d'une péritonite qui ne céda qu'à la médication interne et externe la plus énergique, et laissa après elle une altération si profonde des voies digestives que, depuis douze jours, elle vomissait tous les aliments et les boissons qu'elle essayait d'ingérer. Le ventre était tuméfié et les fonctions alvines supprimées ; si bien que son médecin, n'obtenant aucune amélioration, lui conseilla l'air natal..... Je combattis à mon tour les vomissements et les constipations par une médication très variée ; mais je n'obtins rien ; et comme la malade allait s'affaiblissant de plus en plus, je prédis à ses parents une mort imminente, et afin de ne pas lui sembler la tenir entièrement pour désespérée, je prescrivis en me retirant un verre d'eau de La Bauche. A la surprise de toute la famille, ce verre est supporté ; elle en prend un second qui est également gardé. Je lui en ordonne dès lors une bouteille par jour à prendre par demi-verrées suivies chacune d'un léger potage. Peu à peu les forces renaissent; toutes les fonctions se rétablissent, l'appétit devient impérieux. Elle jouit aujourd'hui, après vingt-cinq bouteilles, de sa première santé. »

« Le Frère E…, dyspeptique et valétudinaire dès de longues années, est envoyé du pensionnat de Turin à celui de la Motte pour essayer le changement d'air. Mais, malgré cette mesure, ce religieux continue à la Motte de faire de fréquentes apparitions à l'infirmerie. Il a de l'aversion pour tout aliment solide ; sa digestion est longue et laborieuse, avec une céphalée continuelle. Appliqué à l'enseignement, il éprouve pendant ses leçons une prostration, une torpeur intellectuelle qui le portent à boire journellement un litre de café noir pour réveiller les fonctions de son entendement. — A bout de conseils et de remèdes, parmi lesquels l'*iodure de fer* et divers autres toniques n'avaient amené aucune amélioration, je lui prescris l'eau de La Bauche, et je le perds de vue. Un mois après, il vient m'annoncer qu'il se trouve bien : il mange beaucoup, il digère facilement, il sent son cerveau libre et son intelligence claire. Trente bouteilles ont accompli cette métamorphose physique et intellectuelle. »

Le Dr Dénarié a observé dans son service de l'Hôtel-Dieu (à Chambéry) une dyspepsie parvenue à un degré non moins désespérant, qui guérit rapidement et de la façon la moins attendue, au moyen de l'eau de La Bauche aidée, à mesure que la tolérance des ferrugineux s'établissait, par les pilules de Blaud.

Le Dr Michaud a bien voulu me communiquer le fait suivant : « Mme Y... avait offert une bronchite capillaire chronique, avec expectoration purulente, lésion ancienne du cœur, et un état inflammatoire général des muqueuses ; son état était tenu pour désespéré. Le bouillon, le décocté de quina et les diverses tisanes essayées étaient rejetés. L'eau de La Bauche seule était gardée et préférée à toute autre boisson. Je l'ai continuée pendant près de trois mois : j'en ai obtenu, au plus fort du mal, la cessation des vomissements et la tolérance de quelques liquides alimentaires; elle a aidé la convalescence et amené la guérison. »

« A la suite de plusieurs maladies graves et longues, ajoute notre confrère, je l'ai toujours vu bien supportée et prise avec plaisir, lors même que le fer des pharmacies était mal toléré; et je l'appellerai volontiers l'*Eau des Convalescents*. »

7° Lymphatisme. — Sous ce titre collectif, je place deux faits de forme très dissemblable.

Le premier appartient au Dr Carrier : « Un homme aliéné, d'un tempérament lymphatique voisin de la scrofule, ayant été pris d'une douleur dans l'articulation du genou avec tuméfaction considé-

rable et sans changement de couleur à la peau, fut
longtemps et sans succès traité par les toniques et
les résolutifs ordinaires, y compris les préparations
iodées. Il fut soumis à l'eau de La Bauche, et, très
rapidement, son état s'est amélioré au point que la
guérison est aujourd'hui presque certaine. »

Voici le second, tel que me l'a transmis le Dr Cottarel : « M. L..., lymphatique, est élevé au pensionnat de la Motte depuis deux ans. Vers la fin de
l'été 1864, ses professeurs observent que ce jeune
homme fuit les jeux et les distractions ; il est apa-
thique, répugne de plus en plus au mouvement et
à l'étude ; il mange peu et se montre constamment
porté à dormir. — Attribuant à un appauvrissement
du sang, à une diminution de sa stimulation nor-
male sur les divers tissus et appareils, le changement survenu dans les allures de cet élève, je le
soumets à un régime fortifiant, et j'ordonne les toniques, le *fer* surtout sous diverses formes. Une
amélioration marquée, quoique lente et partielle,
en est la conséquence. Mais l'enfant se dégoûte et
refuse tout traitement : il demande à aller rejoin-
dre sa famille. — Comme moyen de varier la médication, j'indique l'eau de La Bauche, dont il boit
avec plaisir un litre par jour. Après un mois et
demi de son usage, l'enfant a subi une transformation complète : il est enjoué, ardent au jeu et à
l'étude, et tient le premier rang dans sa classe. »

Je dois placer sous ce titre divers cas d'engorge-
ments scrofuleux abcédés où sur le point de l'être,

3

dont m'a entretenu le Dr Michaud, et particulièrement une longue et abondante otorrhée double :
partout la reconstitution s'est opérée rapidement et
a modifié radicalement l'état local. — Il en a été de
même dans deux traitements mercuriels de syphilis
chez des sujets scrofuleux, où la tolérance des
spécifiques et leur efficacité ont paru, à notre confrère, singulièrement facilitées par l'usage simultané
de l'eau de La Bauche.

8° Hémorrhagies en général. — Le Dr Pétrequin
a exposé le double procédé *par sédation* et *par
plasticité*, par lequel les ferrugineux opèrent l'hé-
mostase ; et il a constaté ce mode d'action dans les
persels surtout, et particulièrement dans le per-
chlorure de fer. (Op. cit. p. 530-532.)

Le Dr Martin (du Pont) nous a parlé de trois
malades auxquels il avait extrait des polypes des
fosses nasales. « Tous avaient des *épistaxis* fréquentes et graves soit avant, soit après l'opération ; et
tous se sont très bien trouvés de l'usage de l'eau de
La Bauche en boisson et même en injection dans le
nez. » — Nous croyons toutefois que les ferrugineuses vitriolées, telles que Passy, Cransac, etc.,
doivent présenter une supériorité positive dans le
cas d'usage externe.

Voici une observation de *métrorrhagie* sur laquelle nous croyons devoir nous arrêter : — Mme de
U..., tempérament nerveux, élément rhumatismal,
est âgée de 40 ans ; la ménopause ne saurait être

éloignée à en juger par les précédents héréditaires
et par divers symptômes. La constitution, forte et
vigoureuse originairement, a été débilitée par des
chagrins et des préoccupations pénibles, qui ont
fréquemment altéré la nutrition. Elle a eu trois
couches, dont deux se sont accompagnées d'hémorrhagies graves ; et elle a allaité ses trois enfants.
Les règles ne laissent pas trois semaines entre leurs
apparitions, et fluent avec des oscillations désa-
gréablement prolongées. Il y a des poussées *hémor-
roïdales* fort douloureuses.

Au milieu de janvier, à la suite d'un refroidisse-
ment notable en pleine époque, Mme de C... est prise
de douleurs violentes à l'hypogastre, vers l'ovaire
droit, aux lombes. Un cercle torturant réunit ces
divers points. — Ces douleurs se déplacent par
moments vers les nerfs intercostaux, vers l'épaule
droite, vers l'émergence des nerfs sciatiques.
Cette allure erratique, la cause occasionnelle, les
antécédents nous font d'abord employer les anti-
rhumatismaux et les analgésiques ; mais, tout en
obtenant aisément la sueur, nous n'arrivons qu'à
un soulagement précaire. — La persistance des
hémorroïdes, l'éréthisme de leurs tumeurs, les
dispositions aux pertes nous font essayer les as-
tringents. Mais, ni les boissons acidules, ni l'ergotine, ni l'eau de Rabel, etc., ne nous donnent
satisfaction, et l'époque suivante est une vraie
métrorrhagie qui nous inspire des craintes sé-
rieuses. — L'alimentation est presque nulle depuis

un mois; les selles fort difficiles ne peuvent être
régularisées; il y a parfois de la fièvre; enfin, à la
perte sanguine succède une leucorrhée ténue, fort
abondante, accompagnée de douleurs utérines si
fortes, d'une sensibilité hypogastrique et ovarique
si grande, que nous croyons devoir examiner soi-
gneusement l'utérus. Nous n'y trouvons que de
l'abaissement, avec un peu d'engorgement du col,
qui n'est ni érodé, ni béant; et, partageant l'opinion de M. le professeur Courty (de Montpellier),
notre ancien et cher condisciple, sur le peu d'im-
portance pathogénique qu'offrent en général les
déplacements de l'utérus (1), nous nous décidons à
essayer les ferrugineux malgré les hémorroïdes (2).
— L'état déplorable de la digestion nous fait préférer l'eau de La Bauche. A notre vive satisfaction,
elle est tolérée dès les premières doses. L'appétit
renaît vers le troisième jour. Successivement la
sensibilité générale reprend son équilibre; les douleurs cessent; le sommeil reparaît; le teint acquiert
une transparence rosée, inconnue jusque-là; les
forces et le courage grandissent ensemble. La leucorrhée a disparu; les règles ne reviennent que
quatre semaines après les précédentes, débutent net-
tement, et se terminent de même. Nous n'avons pas
interrompu l'eau de La Bauche pendant leur durée.

(1) *Montpellier médical*, mars 1865, p. 207.
(2) L'eau martiale de Ripoldsau jouit d'une faveur particulière
contre les hémorrhoïdes et les autres troubles de la circulation
de la veine porte.

9° HÉMOPTYSIES. — Trenta J.-M., ouvrier à Atti-
gnat-Oncin, piémontais, tempérament sanguin fami-
lier à ses compatriotes, 38 ans, sans varices ni
hémorroïdes, sans hérédité à noter, *s'enrhume facilement;* eut une fièvre cérébrale en 1853; avoue
quelques excès de vin et d'eau-de-vie. — Dès 1858,
il a éprouvé des crachements de sang, coïncidant
d'ordinaire avec les changements de saison, jamais
avec le milieu de l'été, le plus souvent avec l'automne et le printemps. Ces crachements se produisent alors durant plusieurs jours consécutifs, au
moindre effort, sous une variation atmosphérique,
à certains points du jour qui les ramènent comme
périodiquement.

Le sang rejeté parfois en grande quantité est ru-
tilant. Il y a eu, mais rarement, quelque douleur
dans la région antérieure gauche de la poitrine.
L'auscultation et la percussion, interrogées à diverses reprises, n'ont pas laissé le moindre doute au
Dr Martin (du Pont) sur la présence de *tubercules,*
et même sur leur ramollissement en un point.

Du reste, ni le sommeil ni l'appétit ne sont dé-
rangés par ces crises, durant lesquelles les forces
sont nulles à la vérité, mais pour reparaître ensuite
à peu près entières : si bien que, par ce retour à une
validité complète et par leur apparente innocuité,
ces accidents semblent légitimer l'idée de l'utilité
décongestionnante attachée par le vulgaire à certaines hémoptysies, idée reprise scientifiquement

et soumise à une judicieuse critique par le Dr Fonssagrives dans son étude du *Rôle de la Congestion
pulmonaire dans l'évolution de la Phthisie. (Montpellier médical,* mars 1865.)

Le Dr Martin avait employé tour à tour des cautères volants, le ratanhia, l'ergotine durant trois
années, la saignée à deux reprises dans les crises
plus violentes, l'huile de foie de morue et les
préparations ferrugineuses artificielles. Ces divers
moyens ne lui avaient jamais donné que des résultats momentanés et palliatifs. Ils n'avaient jamais
pu prévenir le retour des accidents à leur échéance
habituelle.

En 1863, alité depuis trois mois par le rapprochement des hémorrhagies et la faiblesse consécutive, Trenta fut mis à l'usage de l'eau de La Bauche.
Les premières doses arrêtaient immédiatement
l'hémoptysie ; mais, comme elles n'étaient pas
portées au delà d'une douzaine de litres, celle-ci
reparaissait un ou deux mois après. Cette immu-
nité temporaire porta le malade à user de l'eau d'une
façon soutenue ; et il en poussa la dose jusqu'à cent
litres, dont il prit deux par jour.

Actuellement le malade n'a pas craché de sang
depuis juin 1864 : c'est le plus long répit qu'il ait
encore obtenu. L'automne et ce très rude hiver ont
été traversés sans accident. Il est même revenu im-
punément au vin et à l'eau-de-vie qu'il avait dû
complétement abandonner. Les fonctions sont tou-

tes régulières : les forces sont présentes ; l'appétit est bon ; il y a le matin une légère expectoration muqueuse. La résistance au froid, qui était devenue tout à fait insuffisante pendant la mauvaise saison, a été parfaite durant cet hiver. Il a pu, le 22 décembre dernier, s'exposer à la neige et à un vent très froid pendant un voyage de six heures, pour venir se soumettre à mon examen.

Ce fait, quoique laissant subsister quelques *desiderata* dans l'esprit du Dr Martin, lui a suggéré l'idée d'employer l'eau de La Bauche chez d'autres phthisiques atteints de crachement de sang ; et il en a obtenu la sédation de l'hémorrhagie pulmonaire et le retour des forces. — « Une dame de 35 ans environ, présentant depuis plus de deux ans des cavernes au sommet gauche et plusieurs hémoptysies chaque année, a été soumise à l'examen du Dr Bouchacourt (de Lyon), qui a constaté toute la gravité de son état. Elle a tout employé : huile de morue, pectoraux, goudron, lait d'ânesse, eaux-bonnes, cautères... Elle a pris durant une saison nos inhalations sulfhydriquées de Marlioz, près Aix... — Au commencement de cet hiver, les symptômes s'aggravant de la façon la plus inquiétante, et les crachements de sang devenant de plus en plus fréquents, elle fut soumise d'une manière continue, indépendamment des moyens ordinaires déjà employés précédemment, à l'usage de l'eau de La Bauche coupée à ses repas avec un peu de vin. — Chose remarquable, elle a mieux été que les hivers précédents ; elle a pu travailler, sortir, se promener ; elle a pris meilleure mine et de l'embonpoint. — Elle est toujours phthisique ; mais l'état local du poumon gauche s'est amélioré : il y a moins de gargouillement, moins d'expectoration, et les sueurs nocturnes se sont suspendues. C'est un mieux remarquable apprécié par tout le monde, et qu'une nouvelle saison à Marlioz ou Allevard confirmera peut-être cet été. »

« Un autre malade du Dr Martin, âgé de 36 ans, porte une large caverne, résultat, non pas d'une fonte tuberculeuse, mais d'un vaste abcès pneumonique. Valétudinaire et dyspeptique dès plus de dix ans, il crache fréquemment du sang, par exsudation, en petite quantité. Chez lui aussi, l'eau de La Bauche a donné les meilleurs résultats possibles. »

Les faits que nous venons d'analyser nous mettent en face des deux questions si controversées de l'utilité des ferrugineux dans la phthisie tuberculeuse et de la curabilité de cette maladie.

« Les délicates observations de telles cures, dit avec raison le Dr Belouino, doivent être demandées aux médecins ordinaires, aux médecins de la famille, qui suivent le malade dès son berceau et connaissent ses antécédents. »

Les stations sulfureuses et maritimes ont fourni depuis quelques années de précieux matériaux à

l'élucidation de cette question restée en permanence
à l'ordre du jour. Celles d'Aix, de Marlioz et de
Challes y ont apporté leur contingent (1).

Quant à l'influence des ferrugineux en particulier
sur ces résultats si pleins d'intérêt, nous avons la
bonne fortune de pouvoir étayer, abriter notre
opinion de celle très autorisée de M. le Dr Fonssagrives. Voici, en effet, comment il la formule dans
un *Traité de thérapeutique de la phthisie pulmonaire*
actuellement sous presse. Nous ne saurions témoi-
gner assez à notre distingué confrère notre vive
reconnaissance pour la lumière qu'il a répandue
sur cette partie de notre travail, en voulant bien
détacher en notre faveur la page suivante de son
important ouvrage :

« Nous tenons à ce qu'il soit bien entendu que
nous repoussons le fer comme médication exclusive : il n'y a pas de spécifique de la phthisie, et ce
livre ne se propose pas d'autre but que de le dé-
montrer. Il y a des médicaments utiles dans certains
cas, nuisibles dans d'autres, c'est-à-dire des médicaments à indications et à contre-indications défi-
nies. Quand on voit l'opinion médicale divisée en
deux camps relativement au danger ou à l'utilité

(1) Voir *Comptes rendus de la Commission médicale d'inspec-
tion des Eaux d'Aix*, de 1853 à 1860; — et plus particulièrement
ceux de MM. Blanc, Bertier, Guilland (p. 35-39), Vidal *(Appendice
sur Marlioz)*. — Voir aussi la dernière brochure du Dr Auphan :
Traitement hydro-minéral de la chlorose, et surtout le *Traité
théorique et pratique de la chlorose avec une étude spéciale sur
la chlorose des enfants*, que vient de faire paraître le Dr Nonat.

d'une médication appliquée à une maladie détermi-
née, on peut se tenir pour assuré qu'il y a sous ce
conflit une question d'indications qui a été méconn-
nue ou mal étudiée.

« Il en est ainsi des ferrugineux dans la phthisie.
Nous les croyons utiles dans la forme dite *torpide,*
quand l'affection évolue lentement ou reste stationn-
naire, qu'il n'y a pas de fièvre, et que la date de la
dernière hémoptysie est un peu éloignée, et quand
par ailleurs existent les signes de la dyscrasie sanguine qui indiquent d'habitude l'usage des martiaux. Rien n'empêche au reste de les donner à
petites doses, de manière à ne pas fatiguer l'estomac, et d'en suspendre momentanément l'emploi
dès que des signes de congestion vers la tête ou
vers la poitrine, des hémoptysies ou de la fièvre,
viennent à se manifester. C'est affaire, comme partout, de discernement et de tact médical.

« Les pathologistes, ajoute le Dr Fonssagrives,
étant unanimes pour reconnaître que l'appauvrissement de l'économie par une cause quelconque,
qu'un certain degré de détérioration nutritive, sont
des conditions provocatrices des manifestations
tuberculeuses chez les individus qui sont d'ailleurs
en puissance de diathèse, il répugne d'admettre
que les circonstances qui favorisent l'éclosion d'une
maladie sont susceptibles d'en ralentir la marche.
La phthisie repose toujours ou presque toujours sur
un fond de dyscrasie sanguine et de cachexie nutritive ; et tous les moyens susceptibles de reconsti-

tuer l'économie lui sont utilement applicables. Seulement je limite l'indication des ferrugineux aux conditions énumérées plus haut : forme torpide, absence d'état fébrile actuel. C'est dire qu'ils conviennent moins dans la phthisie qui évolue que dans celle qui traverse une période stationnaire. Je le répète, c'est une question d'opportunité ; et, à ce titre, il serait aussi irrationnel de donner toujours du fer aux phthisiques que de ne leur en donner jamais. Le tempérament de mon esprit répugne singulièrement aux arrêts thérapeutiques formulés d'une manière générale et sans acception de cas. »

Nous n'avons rien à ajouter à ces distinctions si rationnelles et si pratiques. Nous dirons seulement, au point de vue spécial de thérapeutique ferrugineuse qui nous occupe ici, que, dans le traitement de la phthisie plus que dans tout autre, se dessine la supériorité des eaux minérales naturelles sur les préparations officinales. Les premières, en effet, réunissent à la plus grande digestibilité l'aptitude à se prêter à toutes les nuances du dosage le plus prudent.

Quant au choix à faire entre les diverses sources, on sait que quelques-unes sont tenues pour formellement contre-indiquées dans les affections de poitrine : ce sont celles à minéralisation exagérée et caractérisée par les sulfates, comme Passy. (Pétrequin, op. cit., p. 515.) Les eaux bicarbonatées, au contraire, justifieront plus d'une fois la confiance qu'on leur accorde à bon droit. Les faits exposés ci-dessus l'ont suffisamment établi : ils ont même indiqué, si nous ne nous trompons, que l'emploi de cette classe d'eaux martiales, à l'encontre des vitriolées et de l'iodure de fer, ne doit pas être restreint aux seules formes torpides, mais peut parfois, grâce à l'alcalinité, à l'excès de gaz carbonique et à un heureux dosage, se concilier avec un certain degré d'éréthisme ou d'excitation.

10° CHLOROSES, DYSMÉNORRHÉES, AMÉNORRHÉES, PALES COULEURS, ETC. — Je me reprocherais, Messieurs, de m'arrêter devant une Société médicale, à ces faits vulgaires dans lesquels les préparations martiales sont d'usage banal. Tous vous avez été témoins, depuis ces deux années, de cures ou d'améliorations nombreuses dues à l'eau de La Bauche employée tantôt sur vos prescriptions, tantôt spontanément. — Ces résultats se sont multipliés dans le voisinage de la source, comme dans les maisons d'éducation de jeunes filles où elle a été essayée, et qui en réclament chaque jour de nouvelles provisions. Nous pouvons citer, entre autres, la Maison Martin à Tarare, et, à Grenoble, les diverses institutions dont le Dr Charvet a la surveillance médicale.

Ce dernier leur reconnaît « une efficacité incontestable et une supériorité sur toutes les eaux ferrugineuses de nos contrées, en ce sens qu'elles sont aussi minéralisées que les eaux ferrées artificielles tout en n'échauffant pas. La tolérance, ajoute-t-il, s'établit presque toujours, et ces jeunes estomacs la

digèrent admirablement et aussi bien que des solu-
tions officinales les plus réputées. Les sels alcalins,
associés par la nature proto-pharmacienne (style
savoyard) au carbonate ferreux, rendent bien raison
de cette facilité de tolérance gastro-intestinale. —
Dans les dyspepsies et chloro-anémies, suites de
fièvres graves, de fièvres d'Afrique, elles donnent
des résultats si satisfaisants que je m'occupe de les
faire essayer dans les hôpitaux militaires d'Algérie.»

Mais ce n'est pas ici qu'il y a utilité d'insister sur
les avantages du fer; et ce serait plutôt le cas de
rappeler, avec MM. Pétrequin, Durand-Fardel et
autres, que le fer n'est pas le spécifique absolu et
exclusif de la chlorose; car parfois il est inutile;
d'autres fois, il la laisse stationnaire, soit que son
assimilation cesse d'être possible, soit que d'autres
altérants soient mieux indiqués, tels que l'iode, le
soufre, le chlorure de sodium, si abondamment
répandus dans tant d'eaux minérales justement
réputées. Il nous serait, en effet, facile à tous de
citer des chloroses rebelles au fer, qui ont enfin
trouvé leur guérison à Aix, à Challes, à Brides ou
à Salins (Tarentaise).

III

Il serait facile de multiplier ces citations et les
réflexions auxquelles elles peuvent donner lieu.

Mais je ne veux pas abuser de votre attention, et je crois au reste avoir atteint le but que je me proposais en entreprenant ce travail : 1° Etudier avec vous quelques applications moins prévues de la médication ferrugineuse; 2° constater les avantages déjà retirés de l'eau de La Bauche, et préciser les cas où cet agent nouveau mérite notre préférence.

Mais il me reste, en finissant, à exprimer un vœu qui m'est suggéré par la valeur thérapeutique de cette source et par l'intérêt de la vallée où elle surgit : la bienfaisance éclairée du comte Crotti ne lui saurait faire défaut, non plus que vos précieuses sympathies.

Toute source minérale, à son début, emprunte les commencements de sa notoriété à la clientèle de son voisinage, et successivement, si sa nature le permet, à l'exportation. Ainsi en a-t-il été de Challes, ainsi de Coise et des autres. L'eau de La Bauche s'est trouvée heureusement être l'une des plus transportables parmi celles de sa classe, si rebelles en général au déplacement et à la conservation. L'exportation a donc été de suite son principal mode d'emploi : elle s'est déjà effectuée en 1864 sur une large échelle, outre qu'une quantité notable a été mise gratuitement à la disposition des hospices et des malades pauvres par son généreux propriétaire; et, tant que sa boisson sera le seul but offert par La Bauche aux malades, le grand nombre des sources de même nature devra dissuader son propriétaire d'y faire d'autres frais que ceux qui lui

assurent, dès à présent, une bonne captation; un
puisage méthodique et une expédition soignée.

Il n'en est pas en général des sources ferrugineuses comme de certaines autres qui motivent à
elles seules un établissement; et nous ne saurions,
par exemple, proposer pour l'eau de La Bauche ce
que nous avons désiré et demandé, ce que nous
espérons désormais dans un avenir prochain pour
l'eau de Challes. Là, il s'agit d'une minéralisation
exceptionnelle et d'un agent dont les modes d'emploi variés, en inhalation, en douches locales, en
pulvérisation, en bains, non moins qu'en boisson,
réclament une installation complète et *sur place*.
Une source au contraire, dont l'usage est à peu près
limité à la boisson, sera surtout utilisée *à domicile*.

Aussi, les sources ferrugineuses, si répandues
par la Providence qu'elle semble avoir voulu les
mettre à la portée de tous les malades sans déplacement, ne paraissent en général appelées à une
grande consommation locale que dans deux circonstances : lorsqu'elles coulent à portée d'un centre
suffisant de population, comme Passy, près de
Paris; Charbonnière, près de Lyon ; La Boisse, près
de Chambéry ; — ou bien lorsqu'elles émergent
près d'une station thermale, comme Amphion, à
côté d'Evian; Saint-Simon et Grésy, près d'Aix (1).

Cependant, il n'en est pas moins vrai que les

(1) Voir l'excellent *Dictionnaire d'Hydrologie* de MM. Durand-
Fardel, Le Bret, J. Lefort et J. François, t. 1er p. 668.

guérisons les plus remarquables pour la gravité des
cas et les résultats obtenus s'opèrent ordinairement
au griffon. Là, en effet, le prix de l'eau (toujours
trop accru par les faux frais d'expédition) ne vient
point, quelle que soit la fortune du malade, res-
treindre sa consommation ; — là aussi et surtout,
l'eau se digère mieux à toutes doses et agit plus
efficacement : cette règle n'admet guère d'excep-
tion.

Que faudrait-il donc à La Bauche pour mettre sa
consommation sur place au niveau de son volu-
me(1), au niveau de son utilité, au niveau surtout
des philanthropiques intentions de son propriétaire
et des avantages naturels offerts par cette vallée? —
Nous n'hésitons pas à le dire avec votre Commission de 1863 (2), avec l'intelligent rédacteur de la
Gazette des Eaux (3), et avec un homme dont le nom
est une autorité médicale et économique en pareille
matière : — Il faut à La Bauche un *Etablissement
de cure hydrothérapique et de convalescence.*

La vallée de La Bauche, en effet, semble avoir
été destinée par la nature et préparée par les circonstances à une telle installation.

Les Romains (vous le savez) y ont laissé des
preuves de leur séjour, ce titre de noblesse qui, de
même que les ruines des anciennes abbayes, garantit si bien la valeur économique et pittoresque

(1) Plus de 25 hectolitres par jour.
(2) Page 5 du Rapport.
(3) Année 1863, p. 419.

d'une localité. — A moitié chemin entre *Augus-
tum* (1) et notre *Lemencum*, à quatre ou cinq kilomètres de *Labisco* (2), tout à côté de *Novalaise*, où
M. Fivel croit reconnaître la véritable *Alesia*, reven-
diquant pour les Allobroges, nos pères, l'honneur
d'avoir été les derniers défenseurs de la liberté
gauloise (3), La Bauche présente des vestiges de
l'époque gallo-romaine et de l'utilisation antique
de ses sources (4).

A une altitude moyenne de 500 mètres, cette
vallée offre déjà les avantages des climats de montagne, leur air tonique et reconstituant en harmonie avec la médication ferrugineuse et hydrothérapique. Suffisamment ouverte par les autres côtés,
elle est abritée du nord par sa pente inclinée vers
le midi (5) et du nord-est par la montagne de Coux,
par le mont Grelle et la cime facilement accessible
(quoique à 1,400 mètres) du Signal, le point d'observation le plus remarquable de l'arrondissement
de Chambéry. — Ces massifs de calcaire compact
lui envoient une vraie rivière d'eaux *de sources*, à

_____

(1) Aoste (Isère).

(2) Les Echelles?... avec leur montée et leur grotte célèbres.
(V. *Gazette des Eaux* du 24 décembre 1863; — Hermann Semmig
dans l'*Illustration* de 1864.)

(3) *Opinion nationale*, 27 mars 1865.

(4) Voir Ducis : Voies romaines *(Revue savoisienne)*. — M. le
chanoine Vallet *(Congrès scientifique de Grenoble*, p. 357). —
M. Macé *(Société Delphinale*, 1864). — Etc.

(5) Cette pente est à peu près parallèle à celle de la route.
qui s'élève elle-même des Echelles au point culminant au-des-
sus de la Bauche, par 191 mètres. (M. l'ingénieur Dufour.)

4

température constante de 14° (1), et dont l'excellente
qualité est garantie par la nature des terrains complètement exempts de sulfate de chaux. L'été n'a
moindrit pas sensiblement leur volume, qui, par
une succession de chutes naturelles, vient former, à
sa réunion sous le château, une pièce d'eau limpide
et profonde, et s'écoule ensuite vers le Guiers sous
les ombrages du frais ravin de la Morges. — Au
midi et au couchant l'œil va chercher les hauteurs
de Miribel et celles de Saint-Franc (magnifique bel-
védère couronné des superbes forêts de sapins du
marquis de Vaulxerre), le défilé de Chailles célébré
par Jean-Jacques et par Balzac (2) et les derniers
reliefs de la Grande-Chartreuse (3).

Au charme agreste et varié de la nature alpestre,
vierge de convention et d'apprêt, la campagne unit
cet air d'aisance et de fertilité que donne une agri-
culture en progrès. Lorsque le comte Crotti prit
possession de La Bauche, un tiers au moins de la
population émigrait ou demandait l'aumône : pas
de routes, pas d'ouvrage ; les maisons construites
avec de mauvais matériaux et à peine recouvertes
d'un chaume difficilement renouvelé..... Le comte
Crotti entreprit de renouveler l'aspect de ce pays,
d'abord par la création d'une voirie convenable,

(1) C'est la plus avantageuse en hydrothérapie. (Dr A. Rey :
Clinique de Bouqueron.)

(2) *Le Médecin de campagne.*

(3) St-Laurent-la-Chartreuse n'est qu'à 12 kilomètres de La
Bauche.

ensuite par l'exemple et la rémunération des travaux qui naîtraient de son initiative.

Pour relever et améliorer les constructions, il utilisa sur place les ressources naturelles du sol : la pierre à chaux et une argile propre à la confection des tuiles et des briques. — Il fit défoncer et drainer (1) la plus grande partie de ses domaines, les rendit productifs par la création de prairies artificielles, et planta la montagne en mélèzes, dignes émules des pins qui garnissent spontanément les montagnes voisines et permettraient au besoin la médication résineuse.

En même temps il associait les communes pour créer la grande et belle route qui va des Echelles au lac d'Aiguebelette, et de là se bifurque sur Yenne par Novalaise et sur le Pont-de-Beauvoisin par la Bridoire. La voie nouvelle fut livrée à la circulation en moins de trois ans : elle a été classée parmi les routes départementales; et les ponts *Crotti* (2) et *Gay di Quarti* (3) jetés dans son parcours sur la Leisse (4) et sur le Tiers, affluent et déversoir du lac d'Aiguebelette (5), attestent par leurs noms la gratitude des populations pour l'actif Président de

(1) Le drain collecteur du domaine de St-Pierre de Genebroz donne à lui seul plus de 150 hectolitres par jour.
(2) A la Buissière.
(3) Au gué des Planches.
(4) La Leysse, la Laisse, la Laise, ou l'Alaise?
(5) Station lacustre, poisson recherché; — 376 mètres d'altitude, à 10 kilomètres de la Bauche.

la Commission exécutive et pour l'administrateur qui le seconda de tout son pouvoir.

Sous cette impulsion paternelle et vigoureuse à la fois, les habitants ont pris goût au travail; ils se sont mis à lui demander honorablement et fructueusement ce qu'ils sollicitaient de la charité. La mendicité a complètement disparu; les plus petits propriétaires défrichent, créent des fourrages, tiennent du bétail et fument leurs prairies. — Ainsi cette petite commune de 500 âmes possède aujourd'hui des conditions de prospérité matérielle en rapport avec les avantages moraux que lui avaient assurés les anciens propriétaires de La Bauche.

Mⁱˡᵉ Perrin d'Avressieux d'Athenaz y avait en effet fondé en 1823 une *école* et un *dispensaire* sous la direction des sœurs de Saint-Joseph; et la comtesse de Maistre, son héritière, compléta leur dotation. Mais la famille de Maistre avait laissé de son passage à La Bauche une autre trace non moins précieuse à recueillir.

C'est là que Xavier de Maistre passa quatre années de sa jeunesse; et celles-ci eurent une grande influence sur le développement de son intelligence originale.

« Tempérament lymphatique, caractère indolent, il paraissait avoir une santé délicate et n'être pas favorisé de la nature en facultés intellectuelles. Parlant peu, se tenant volontiers à l'écart, en dehors des jeux et des turbulences ordinaires à

son âge, il passait généralement, quoique affable
et docile, pour être sournois, tenace, indifférent
à tout; ses distractions lui donnaient un air tout
autre que spirituel. Bref, des allures mélancoli-
ques, une attitude nonchalante et penchée lui
valurent parmi les siens le surnom de Ban — dimi-
nutif de *baban*, paresseux. — Cependant il fré-
quentait l'école, où il essayait, à grand renfort de
coups de férule, d'apprendre à lire et à écrire......

« A quatorze ans, Xavier fut enlevé de l'école
commune et remis entre les mains du curé de La
Bauche, petit village du canton des Echelles, près
duquel habitait une de ses tantes, Mme la comtesse
Perrin d'Avressieux. Le curé n'eut pas d'autre re-
commandation que d'en faire ce qu'il pourrait;
malgré cette note défavorable, il se mit courageu-
sement à l'œuvre.

« Après sept ou huit mois d'enseignement, le
vénérable M. Isnard, observateur habile du reste,
reconnut avec satisfaction que son élève n'était
pas ce que l'on avait cru d'abord : à tout jamais
borné. Il écrivit aux parents que le jeune Xavier,
loin d'être un sot, possédait au contraire le germe
de brillantes qualités qu'il s'attachait à cultiver et
dont il ne manquerait pas de fournir des preuves
lui-même.

« La famille eut beaucoup de peine à croire ces
révélations réelles; et pourtant c'était la vérité.
L'âme de Xavier avait été, paraît-il, enveloppée
jusqu'alors d'un épais brouillard, qui allait se dis-

sipant comme au lever d'une aurore. Ce phénomène est moins rare qu'on ne pense, et tient,
croyons-nous, à l'influence de la puberté. Il faut
y voir aussi l'effet salutaire d'une éducation spéciale et conforme aux dispositions individuelles.
Que de lycéens, quoique heureusement doués par
la nature, restent enfouis dans les limbes de l'intelligence pour avoir été soumis aux règles communes de la pédagogie, qui s'appliquent à une
réunion plus ou moins grande d'écoliers, sans dis-
tinction de caractère ni d'aptitudes!

« Le digne prêtre, durant les quatre années qu'il
eut près de lui Xavier de Maistre, lui inculqua les
premiers éléments de nos connaissances, depuis
les notions grammaticales sur le français, le grec
et le latin, jusqu'aux leçons plus transcendantes
sur la littérature, la physique et les mathématiques. Il va de soi que l'instruction religieuse
marchait de front avec les études profanes. Le
jeune élève fit des progrès rapides, en rapport
avec les soins et le zèle de son précepteur, qui
l'avait pris en grande affection, et que lui-même,
par un retour bien naturel, aimait comme un père
et vénérait comme un bienfaiteur..... (1). »

Xavier garda en effet le meilleur et plus fidèle
souvenir à son premier maître et à ces lieux
témoins de ses jeux et de ses débuts d'écolier.
Lorsqu'en 1825, il revint de Pétersbourg con-

_____

(1) *Xavier de Maistre*, par Luc Rey. Chambéry, 1865.

duisant en Italie sa fille qu'un climat plus doux ne devait pas conserver à son amour, il voulut revoir La Bauche, et s'y arrêta dix jours. Le vénérable abbé Isnard était mort en 1823, à quatre-vingt-dix-sept ans : soixante-six années de fatigues sacerdotales, accrues par les rudes épreuves de la Terreur, ne l'avaient pas empêché d'atteindre dans ce site salubre cet âge avancé. Le comte Xavier promit à son digne successeur (1) un tableau pour son maître-autel, et lui envoya de Pise une *Assomption* qui porte au verso cette épigraphe de la main du peintre : « Précieux souvenir de l'église où j'ai eu le bonheur de faire ma première communion. »

Autour de cette date pieuse, bien d'autres réminiscences moins graves durent se presser alors dans l'âme aimante et rêveuse de Xavier. C'est dans les plantureux vergers de La Bauche qu'il essaya ses crayons, destinés à lui assurer plus tard à Moscou le pain de chaque jour, avant de faire de lui, en des temps de meilleure et opulente fortune, un amateur fidèle aux beaux arts et leur Mécène éclairé. Le jeune écolier s'exerçait donc à dessiner les arbres, et lorsqu'ils étaient reconnaissables, le bon curé, qui avait pressenti son talent, récompensait le succès par *une pomme......*

Il était loin de ses juvéniles et joyeuses images de son premier séjour ; plus loin hélas ! des pa-

(1) M. l'abbé Gay est âgé de 76 ans. et en a passé 46 au presbytère de La Bauche.

ternelles espérances de son second voyage à La
Bauche, lorsqu'il héritait, en 1849, avec la comtesse Crotti de Costigliole (1), des domaines de
La Bauche, Belmont, Cruet, Oncin et St-Pierre-de-
Genebroz. Condamné à survivre à tous ses enfants,
mélancoliquement détaché des biens qu'il ne leur
pouvait plus transmettre, il écrivait alors à l'un de
ses parents une lettre pleine toujours de son gra-
cieux esprit et de sa douce philosophie, le priant de
détourner de sa vieillesse, et d'accepter pour lui le
fardeau de cet héritage......

Voilà quelles nobles traditions de désintéresse-
ment et d'intelligente générosité le comte Crotti a
trouvées à La Bauche : il était digne de les continuer, et d'obtenir pour son œuvre le concours des
hommes de science et de patriotisme.

(1) Née Charôt de la Chavanne, mère du propriétaire actuel.

ANALYSE DE L'EAU MINÉRALE DE LA BAUCHE

PAR CHARLES CALLOUD

—

DOSAGES RAPPORTÉS A 1,000 GRAMMES D'EAU MINÉRALE

(Moyenne de deux opérations)

Acides faibles chassés de leurs combinaisons salines :

	gr.	gr.
Acide carbonique..........................	0,36850	0,40500
— crénique	0,03650	

Bases dosées après avoir été séparées, par voie de réaction, de leur combinaison avec les acides carbonique et crénique :

Protoxyde de fer.......................	0,08935	
— de manganèse...................	0,00150	
Potasse................................	0,01701	0,26366
Magnésie..............................	0,03991	
Chaux.................................	0,09889	
Ammoniaque..........................	0,01700	

Sels dosés proportionnellement dans leur état de constitution saline, par voie de double décomposition :

Phosphate de chaux....................	0,01026	
Sulfate de soude rapporté à l'état d'*hyposulfite*...............................	0,01215	0,02714
Chlorure de sodium....................	0,00473	
Iodure alcalin (traces)..................	» » »	

Corps indifférents isolés et dosés par groupes :

Silice........... }		
Alumine........ }	0,01450	
Glairine......... }		0,02650
Extrait humique.. }	0,01200	
TOTAL........	0,72230	0,72230

COMPOSITION DE L'EAU MINÉRALE DE LA BAUCHE RAPPORTÉE
A 1,000 GRAMMES

Gaz de l'air (oxygène et azote)....	indéterminé
Gaz acide sulfhydrique libre (traces)............... gr.	» » »
Acide carbonique libre....	0,03500
Bi-carbonate de chaux........	0,25180
— de magnésie........................	0,12129
— de protoxyde de fer....	0,14257
— de potasse	0,02150
— d'ammoniaque...................	0,02850
— de manganèse.........	0,00350
Crénate de protoxyde de fer.....................	0,03050
— de potasse	0,01950
— d'ammoniaque..........................	0,01450
Hyposulfite de soude...........................	0,01215
Phosphate de chaux...	0,01026
Chlorure de sodium...........	0,00473
Iodure alcalin (traces sensibles)......	» » »
Silice .... Alumine........ }	0,01450
Glairine .?...... Extrait humique .... }	0,01200
TOTAL.........	0,72230